恐龙大追踪

绝地反击——依靠骨板自我保护的剑龙

知识出版社

6 500多万年前，地球上发生了未知的可怕灾难。突如其来的巨变让主宰地球长达1.6亿年的神秘恐龙和许多生物一起消失了。直到一名欧洲人发现了许多埋藏在地下的巨大骨骼化石，恐龙这种神秘的动物才慢慢被人了解，并逐渐成为孩子们最感兴趣的史前生物。

恐龙是如何生存的？它们有什么样的特殊习性？又是什么原因让恐龙从地球上消失了呢？为了满足孩子的好奇心和探索精神，我们精心打造了《恐龙大追踪》系列丛书。让神秘而有趣的恐龙带领孩子们开启终极探险的神秘之旅，一起去破解神奇的自然密码！

总之，本套丛书用简单活泼的语言和生动逼真的图片引领孩子走进神秘的史前时代；用严谨科学的讲解方式帮助孩子形成对恐龙的系统认识；趣味问题及揭晓答案会和孩子进行充分的互动，让孩子对书本爱不释手。相信这套将精彩图文与独特设计完美融合的图书一定会带领孩子走进超级刺激的恐龙体验乐园，让孩子爱上阅读，爱上探索。

编　者

目录

MULU

小盾龙

生存技能

在远古恐龙时代，为了躲避猎食者的袭击，很多植食性恐龙都掌握了独特的对付猎食者的本领。生活在北美洲地区的小盾龙就练就了独特的生存技能——“铁布衫”。小盾龙身上长有一排排骨质盾甲，这种盾甲坚硬而锋利，肉食性恐龙如果贸然撕咬小盾龙的身体，不但吃不到猎物的肉，而且自己可能还会受伤。

趣味问题

小盾龙在躲避猎食者袭击时能够快速奔跑，它们是怎么做到的呢？

御敌装备

小盾龙的颈部到背部、体侧、尾巴，覆盖大约 300 个鳞甲，最大的鳞甲是排列在背部中线处的一二排，这些鳞甲是小盾龙天生的御敌装备。

食草的小恐龙

生存于早侏罗纪北美洲的小盾龙是植食性恐龙的一种。亚利桑那州曾发现了小盾龙的部分骨骼化石，但头颅骨部分只发现下颌，它们可能简单地用颊齿来切断、咬碎植物。

行进方式

小盾龙的前肢与后肢长度差别不大，它们多数时候以四足着地的方式行走，但是，小盾龙也能够以后足站立或奔跑。小盾龙还有一条比自己身躯还长的尾巴，能够在奔跑的时候保持身体平衡。

外形特点

小盾龙身长约 1.2 米，臀部高度为 0.5 米，重约 10 千克。它们拥有小型头颅、修长的身体、纤细四肢、宽臀部、长尾巴。

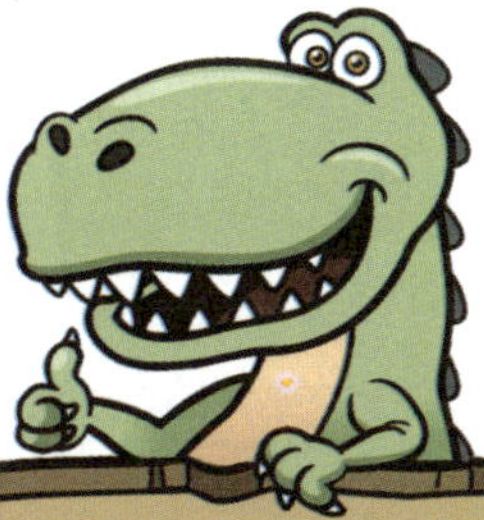

小盾龙的体形正如它们的名字一样，相对较小，因此它们在奔跑时步履轻盈，可以灵活地使自己摆脱危机。此外，长长的尾巴也会辅助它们保持自身的平稳。

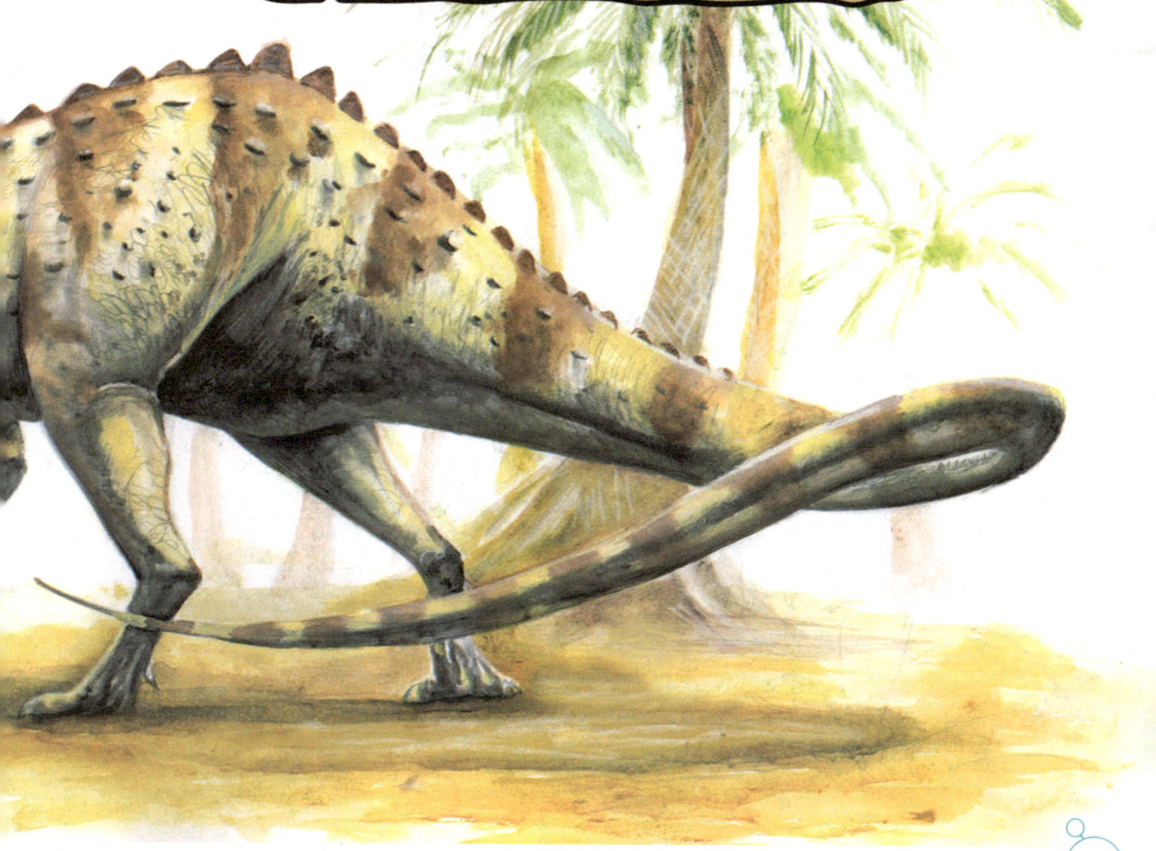

五角龙

五角龙的发现

五角龙是角龙类恐龙的一种，化石大部分发现于美国新墨西哥州。它们生活的地质年代为晚白垩纪，时间大约为7 500万年前到7 300万年前。五角龙身长5~8米，体重约为5 500千克。

趣味问题

五角龙和三角龙是近亲，那它们的区别又是什么呢？

五个角

五角龙的五个角分别为：吻部上有一只角，额头上有两只弯曲的角，脸颊两边还各有一只小角。它们是人们熟知的三角龙的近亲。

长脑袋恐龙

根据骨骼碎片拼装出的颅骨化石表明，五角龙的头部有 3 米多长，这使得它成为有史以来陆地上脑袋最长的动物。所以，它算不上是个帅气的恐龙。

揭晓答案

就颈盾而言，五角龙颈盾大，而且中空，其防御作用远不及三角龙。三角龙更加厚实坚固的颈盾才能真正保护脖颈，也许五角龙的颈盾更多是用来求偶的。

开角龙

角龙类

开角龙生活在白垩纪晚期的北美洲，是一种角龙类恐龙。目前发现的所有开角龙化石都来自于加拿大亚伯塔省的恐龙省立公园。开角龙主要有三只角，一只长在鼻端，两只长在前额，角的长短随着种类的不同而不同。

开角龙的头部后方拥有大型头盾，它们的头盾是什么样子的?

你知道吗?

开角龙的头盾虽然很大，但是很薄，不能起到抵御猎食者的作用，头盾或许可以用来调节体温。开角龙的头盾可能拥有较鲜艳的颜色，用以引起其他恐龙注意或求偶。

防御方式

开角龙通常是集群活动的，当受到像霸王龙这样的大型肉食性恐龙攻击的时候，成年雄性开角龙会围成一个圈，头盾向外，将雌性的、未成年的以及年老的开角龙围起来，形成一个强大而又可怕的阵势。在这种情况下，即使是凶猛的霸王龙也不会贸然进攻。

素食主义者

开角龙是完全的素食主义者，其面部和嘴部通常较长。古生物学家因此推测，开角龙可能在采食植物的时候有更多的选择权。

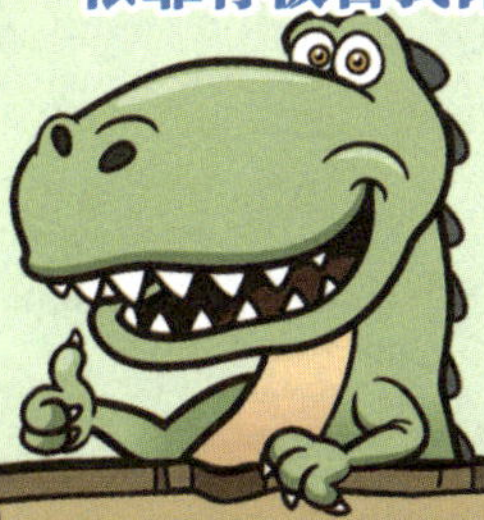

开角龙的头盾呈心形，又大又长，头盾的中央包含两个大洞孔。有些开角龙的头盾上还有一些小型头盾缘骨突，从头盾的边缘向外延伸。

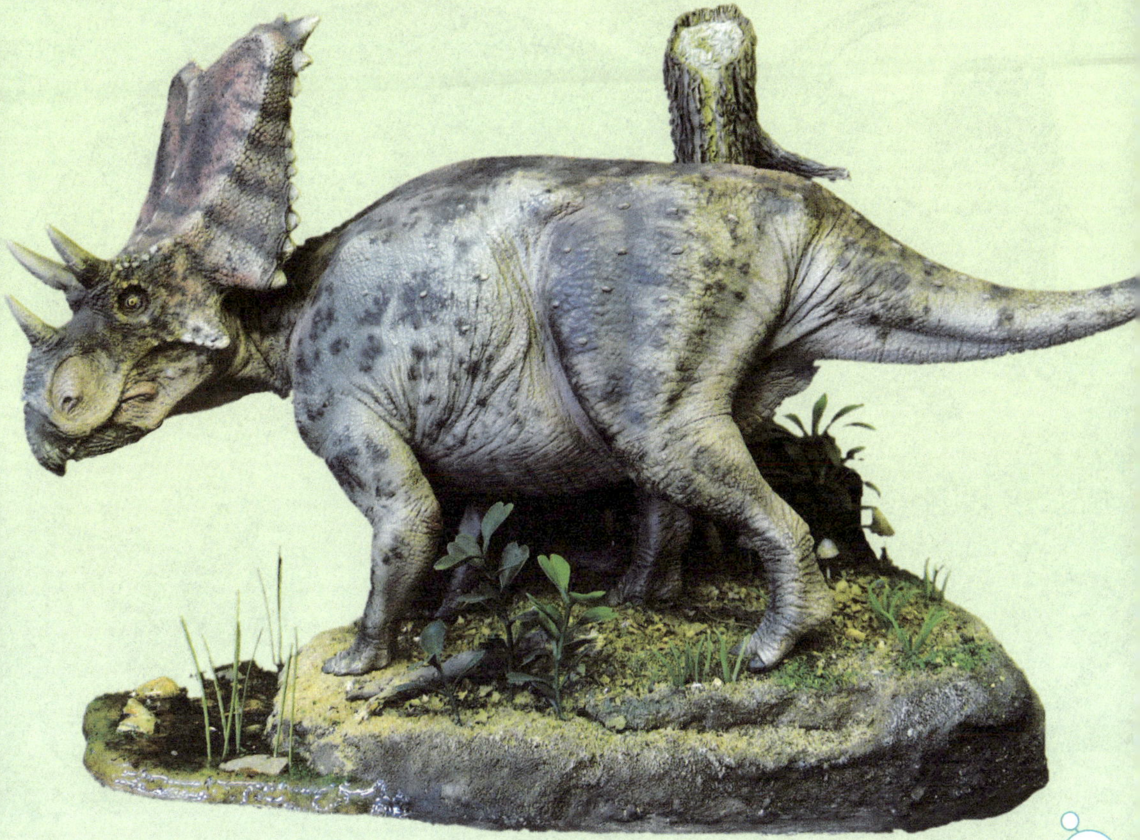

无鼻角龙

外形特点

无鼻角龙生活在白垩纪晚期的北美洲和亚洲，是一种角龙类恐龙，化石发现于加拿大的艾伯塔省。无鼻角龙的前额上有两只长度中等的角，宽阔的颈部后方还有一个大型颈盾，颈盾上有两个椭圆形的开口。

无鼻角龙是不是真的像它们的名字描述的那样没有鼻角呢？

无鼻角龙的灭绝

无鼻角龙是植食性的，主要以蕨类、苏铁以及松科等裸子植物为食。但是在无鼻角龙生存的白垩纪晚期，这些裸子植物已不再是优势植物。随着食物的慢慢消失，无鼻角龙灭绝了。

揭晓答案

古生物学家在发掘无鼻角龙的化石时并没有发现鼻角，但后来，古生物学家发现无鼻角龙与其近亲三角龙一样有鼻角，只是它们的鼻角比其他角龙类恐龙短且钝。

身长推断

由于目前只发现了一个无鼻角龙的头颅骨化石，所以古生物学家对它们的整体身体构造所知甚少，只能假设它们的身体与角龙类相似。根据其头颅骨的大小，古生物学家推测无鼻角龙的身长为6米左右。

巨刺龙

身体特征

巨刺龙是一种中型剑龙类恐龙，生活在晚侏罗纪时期的中国。巨刺龙身长约 4.2 米，体重约 700 千克。巨刺龙头部相对较大，颈部短而粗壮。巨刺龙下颌每边约有 30 颗牙齿，能够很好地咀嚼食物。

巨刺龙最明显的身体特征是什么？

第二个"大脑"

巨刺龙的臀骨里有一个神经球，神经球能够控制后肢和臀部的运动；臀骨处还有一个腺体，能够提供额外的能量。正因如此，古生物学家认为，巨刺龙的尾巴上还存在第二个"大脑"。当然，这只是古生物学家的错误认识而已。

生活习性

巨刺龙是一种植食性恐龙，主要以四足着地的方式行走，食用低矮处的植物。但是巨刺龙的后肢十分强壮，足以支撑全身的重量，因此，巨刺龙有时会用后足站立起来采食高处的植物。

揭晓答案

巨刺龙的名称意为"有巨大棘刺的蜥蜴"，从这个名称能够看出，巨刺龙最明显的身体特征就是长有大型尖刺，尖刺的长度能达到肩胛骨长度的两倍。

灵活的尾巴

巨刺龙的尾巴十分灵活，能够自如地向两边摆动。当有猎食者从侧面攻击巨刺龙的时候，巨刺龙会挥动尾巴抽打猎食者。

乌尔禾龙

与其他剑龙类恐龙相比，乌尔禾龙有什么特别之处呢？

剑龙类恐龙

乌尔禾龙生存于白垩纪早期，是一种剑龙类恐龙，化石发现于中国新疆地区。乌尔禾龙体形中等，身长约 6 米，体重将近 3 吨。乌尔禾龙以四足行走，主要食用蕨类植物。

神秘的恐龙

目前已被发掘的乌尔禾龙化石很少，而且还都发现于中国境内，因此乌尔禾龙是名副其实的亚洲恐龙。

对于乌尔禾龙的研究，一直以来都不明确。古生物学家只发现过这种恐龙的少数骨骼化石，因此对它们的认识在一定程度上是猜测的结果。所以乌尔禾龙对我们来说还有很多未知和神秘之处，它们的辨认要诀也不详。

甲板和尖刺

乌尔禾龙的身上有很多剑龙类恐龙的特点，例如它们的背部有一系列三角形的甲板，尾部末端还对称分布着两对尖刺，这些甲板和尖刺都是乌尔禾龙用来自卫的武器。有了这些武器，即使是大型肉食性恐龙，也不敢轻易对乌尔禾龙发动进攻。

揭晓答案

乌尔禾龙的身体要比其他剑龙类恐龙的身体低矮，古生物学家认为，这是为采食低矮处植物而进化出来的。另外，与其他剑龙类恐龙相比，乌尔禾龙的骨板更短，也更圆。

包头龙

身披铠甲

包头龙是一种体形庞大的甲龙类恐龙，从头部到身体都覆盖着坚硬的甲板。它们的身体巨大，看上去像一辆坦克。

趣味
问题
当包头龙的盔甲无法有效地御敌时，包头龙会怎么办呢？

性情温顺

从外表上看，包头龙凶残可怕，但其实它们的性情十分温顺。除非遭到攻击，否则它们是不会轻易袭击其他动物的。包头龙没有门牙，在采食枝叶时，它们会用喙状嘴将枝叶咬断，再用臼齿将枝叶磨碎。包头龙的胃部结构十分复杂，可以慢慢消化植物。

化石完整

自包头龙的化石被发现以来，古生物学家发现的包头龙化石已经超过 40 具。其中一些化石保存得比较完整，这也使包头龙成为了人们了解最多的甲龙类恐龙。

全副武装

包头龙几乎全身都披有甲板，甚至眼睑上都有。除了甲板，包头龙身上还长有尖硬的骨刺，看上去就像全身插满了匕首。有了这样的防身术，即使是再凶猛的肉食性恐龙，也不敢轻易地捕食它。

揭晓答案

包头龙的尾巴十分粗壮，尾巴末端有沉重的尾锤。当盔甲无法有效防御敌人时，包头龙会挥动尾巴抽打袭击者，沉重的尾锤能够给袭击者致命一击。

有角鳄

身体特点

和人类一样，有角鳄的存在也是不断进化的结果，它们的四肢较短，因此它们可以更灵敏和稳健地躲避猎食者的攻击，铲状的口鼻有利于它们慢慢寻找植物。

铠甲勇士

有角鳄又名链鳄，是一种体形较大的爬行动物。有角鳄身长约 5 米，高约 1.5 米。它们的头部和四肢短小，但是尾巴很长。有角鳄的长相十分特殊，它们的全身被坚硬的甲片包裹着，肩膀两侧各有一只约 45 厘米长的尖角，背部侧面各有一排长长的尖刺。

有角鳄身上长满了尖刺，你知道这些尖刺的作用是什么吗？

性情凶猛

有角鳄虽然与肉食性的植龙是近亲，但是有角鳄叶状的牙齿表明，它们应该是一种植食性动物。有角鳄的口鼻部呈铲状，这有利于它们攫取地上的植物。它们虽然是植食性动物，但是性情却十分凶恶。

行走方式

有角鳄的四肢呈柱状直立于身体下方，后足与近亲植龙的后足一样保留了一定的原始特征。有角鳄的前肢比后肢要短得多，它们的臀部位置较高而头部位置较低。这导致了有角鳄的行走方式为四足着地。

进食方式

有角鳄的头部与猪的头部类似，进餐时却比猪更加野蛮，它们会使用铲状的口鼻部来拔起植物，更加快捷到位地饱餐一顿。

揭晓答案

有角鳄虽然是植食性动物，但是它所处的环境险恶，随时有被其他恐龙袭击的危险，它们的尖刺很少用于攻击，主要是用来防御和保护自身。

剑龙

集群生活

剑龙是一种在侏罗纪时期分布广泛的恐龙，它们集小群生活，群体中由不同年龄的个体组成，从幼年到成年都有，群体生活可以提高剑龙抵御猎食者的能力。实际上，没有肉食性恐龙可以轻易猎杀剑龙，所以侏罗纪晚期出现了数量庞大的剑龙族群。

趣味问题

除了骨板外，剑龙的尾部还长有尖刺，这些尖刺有什么作用呢？

生活习性

剑龙不仅与同种类的恐龙生活在一起，还会与其他大型蜥脚类恐龙一起生活，如梁龙、圆顶龙和迷惑龙等。它们会在平原上游走，采食植物，也会共同抵御猎食者的袭击。

揭晓答案

剑龙的尾部缺乏骨质肌腱，这使剑龙的尾巴比其他种类恐龙的尾巴更为灵活，因此剑龙的尾巴可以作为抵御猎食者的武器。除此之外，剑龙的尖刺可能还是视觉展示物。

第二大脑

剑龙是脑容量最小的恐龙，但一些学者认为，剑龙的尾巴长有第二大脑，它能控制后半部身体的动作。而在剑龙遭遇袭击时，第二大脑也会做出反应。

加斯顿龙

不好惹的家伙

加斯顿龙是一种以四足行走的甲龙类恐龙。一身的盔甲限制了它们的行动，但是加斯顿龙也不是好惹的，一般的猎食者是不敢轻易去冒犯它们的，只有那些性情凶猛的或长时间找不到猎物的猎食者才会选择袭击加斯顿龙。

同类争斗

加斯顿龙有同类争斗的现象，它们会用头部互相撞击，它们这样做的目的是为了争夺地盘或者是配偶。

加斯顿龙不像有些甲龙类恐龙一样有尾锤，那么它们怎么抵御敌人呢？

活碉堡

加斯顿龙的外形就像一座活碉堡，从头到尾都成排地覆盖着刀片一样的巨大棘刺，肩膀上还有巨大的尖刺。加斯顿龙的头部呈圆盔状，并且十分厚，能够很好地保护头部。

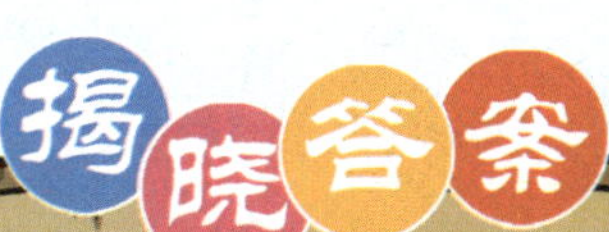

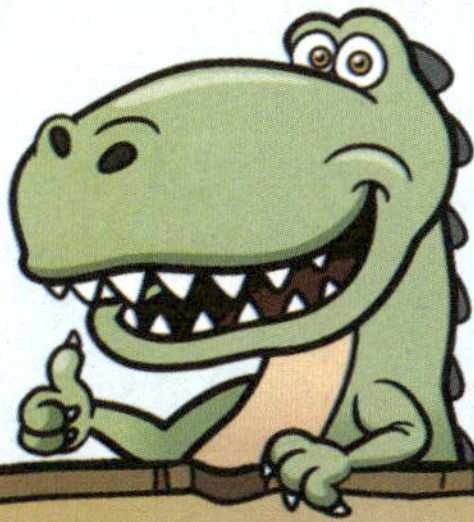

揭晓答案

加斯顿龙虽没有尾锤，但是它们的尾巴上长有棘刺。当受到敌人攻击的时候，加斯顿龙只要用力地挥舞尾巴，就会给对手造成伤害。

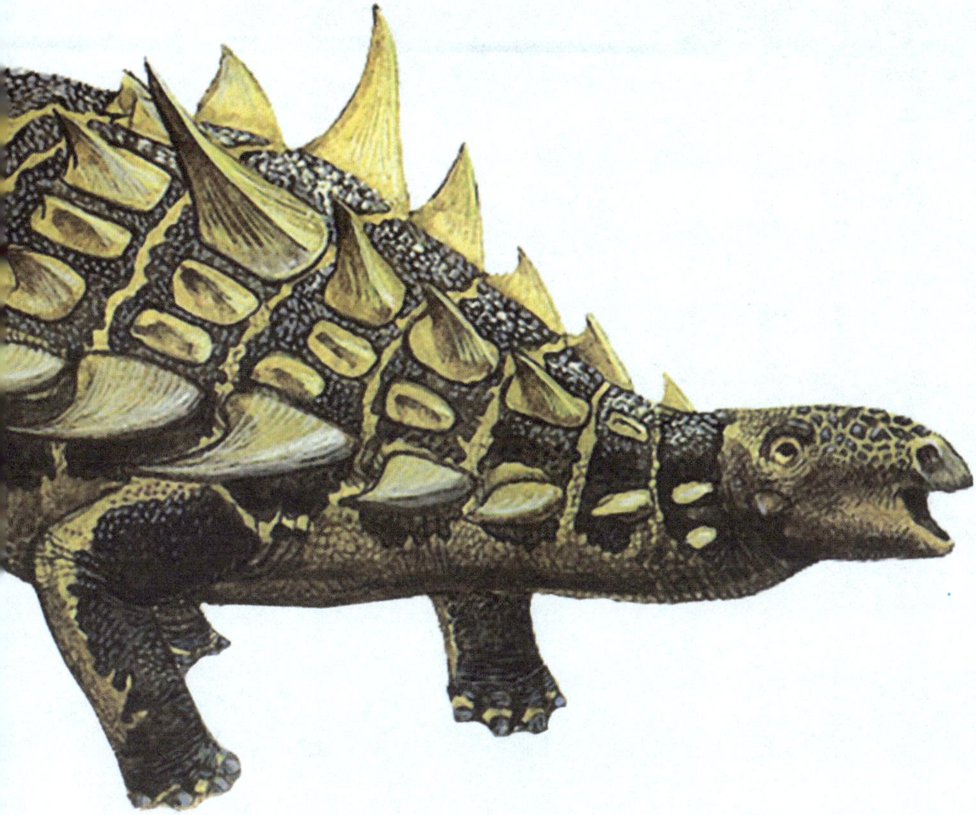

多刺甲龙

生活习性

多刺甲龙生活在白垩纪早期的欧洲，是一种甲龙类恐龙。多刺甲龙身长4~5米，体重1~2吨。多刺甲龙以低矮的蕨类植物为食，它们的身体很健壮，以粗壮的四肢缓慢行走。

了解不多

目前，人们发现的多刺甲龙化石数量有限，尚没有完整的骨骼化石出土。古生物学家通过零碎的骨骼化石，只能推断出多刺甲龙的部分身体特点，而对于其他重要信息的了解并不是很多。

趣味问题

在遇到肉食性恐龙进犯时，多刺甲龙会如何抵御呢？

发现过程

①千万年来，日夜不息的海水冲刷着欧洲怀特岛岸边的悬崖峭壁。

②松动、风化的石块不断掉落，一具多刺甲龙的化石“重见天日”。

③1865年，威廉·福克斯在发现这具化石的时候激动不已，虽然当时这具化石的很大一部分已经被卷入了大海中。

共生关系

在遥远的过去，多刺甲龙和禽龙曾经是非常要好的“异姓兄弟”。它们常常在同一地区活动，以提高抵御猎食者的能力，而且在迁徙的时候，它们多数时候也会如影随形。

奇特的骨甲

多刺甲龙最大的身体特点就是其臀部被真皮骨进化成的单一整体甲壳覆盖。有了这层骨甲，多刺甲龙的身体后部即使是遭到攻击，也不会有致命的危险，同时又与身体前部的锋利钉刺形成了全方位的防护体系。

揭晓答案

当肉食性恐龙攻击多刺甲龙时，多刺甲龙会迅速地趴在地上，保护柔软的腹部，然后再用身上的棘刺恐吓对方，使对方不敢靠近。

结节龙

外形特点

结节龙的身体浑圆，十分笨重，身长 4~6 米，体重能达到 28 吨，行动起来十分缓慢。结节龙的头部小而狭窄，口鼻部很尖，牙齿很小，颈部和四肢都很短，但是有一条长而坚硬的尾巴。

防御方式

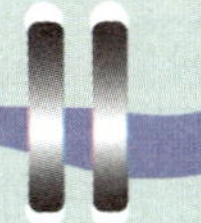

结节龙的尾巴上没有骨锤，因此它们能够用来防御猎食者的身体部位很少。在受到猎食者攻击的时候，结节龙会趴在地上，用背部及身体两侧的尖刺来吓退敌人。结节龙的防御方式与今天的刺猬类似，或许，这种方式正是结节龙偷偷告诉刺猬的。

趣味问题

结节龙是北美洲最早的装甲恐龙之一，它们的装甲是什么样的呢？

食物猜测

结节龙是一种植食性恐龙。由于结节龙的牙齿很小，因此它们很可能以柔软多汁的植物为食。但是结节龙也可能会吞进一些石头来帮助消化坚硬的植物，又或者结节龙有一个强大的消化器官能够消化坚硬的植物。

分布地区

结节龙类与甲龙类同属甲龙亚目，但是结节龙类恐龙较灵巧，甲龙类恐龙较笨重；而且结节龙类恐龙尾巴上没有骨锤，而甲龙类恐龙的尾巴上有骨锤。

结节龙类恐龙的分布范围比较广，它们分布在欧洲、北美洲、大洋洲，甚至可能还分布在南美洲和南极洲。白垩纪早、中期，结节龙类恐龙的种类和数量都很丰富，但是此后还是衰退了，只有北美洲的少数种类生存到了白垩纪晚期。

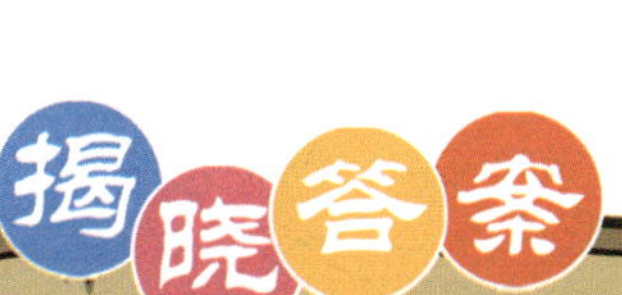

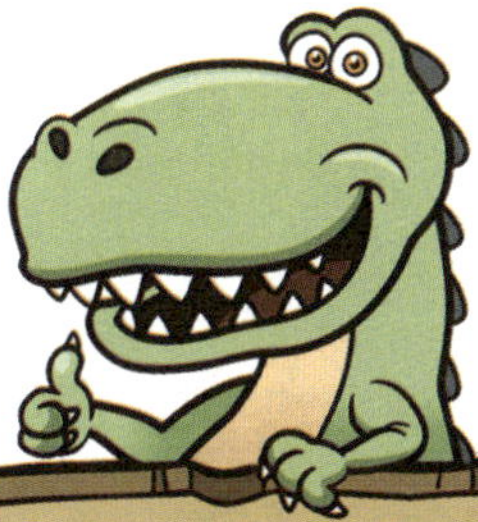

揭晓答案

结节龙的身体表面覆盖着皮状骨板，身体两侧各有一排尖刺，背部的皮状骨板以一层薄、一层宽的环状方式排列，较宽的皮状骨板上有骨质瘤。

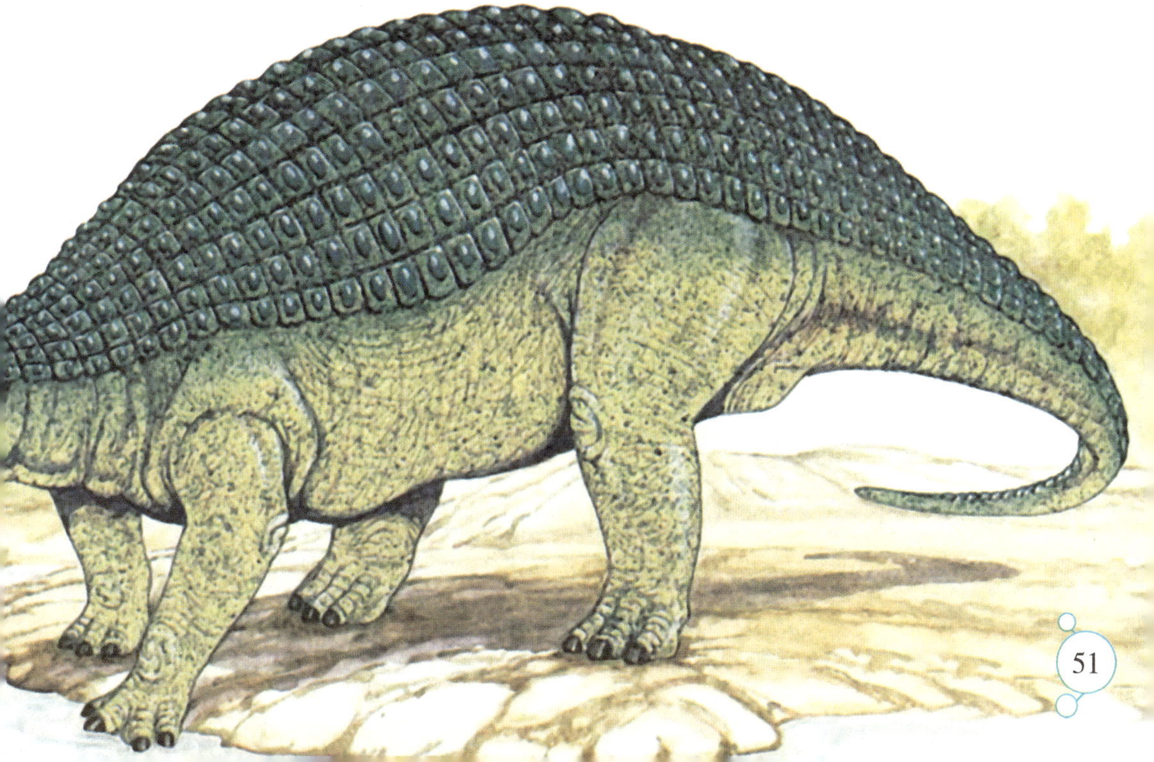

肯氏龙

寻找食物

与同时期的大型植食性恐龙相比，肯氏龙算是“小不点儿”了，但肯氏龙寻找食物的能力并不逊色。它们不与大型植食性恐龙争抢，而是以低矮植物为食。即便在干旱季节，肯氏龙也能找到埋在土壤中的植物根茎为食。

骨板和尖刺

肯氏龙又名钉状龙，体长 5 米左右，颈部至背部长有狭长的骨板，背部至尾端长有钉子一样的尖刺。可以说，钉状龙这个名字恰如其分地描述出了这种恐龙最大的外形特点。

肯氏龙的骨板和尖刺有什么样的排列形式？

对付猎食者

骨板和尖刺相结合的防御系统是肯氏龙在面对大型肉食性恐龙时最有效的武器。靠近肯氏龙的肉食性恐龙随时有受伤的危险。一旦遭到肯氏龙满是尖刺的尾巴的扫击，肉食性恐龙遭受到的伤害将会是致命的。

进食方式

肯氏龙嘴中长有细密的颊齿，能够咬断蕨类植物或是低矮的灌木树叶。所以即便嘴部很小，肯氏龙也有足够高的进食效率，以保证身体的能量需要。

揭晓答案

肯氏龙背部至尾端的尖刺是纵向生长的，骨板和尖刺都分成两列对称排列。除了骨板和纵向生长的尖刺，肯氏龙的前肢或臀部两侧还长有两个横向生长的尖刺。

共生现象

① 肯氏龙通常和腕龙或叉龙这类体形庞大的恐龙生活在一起，这是恐龙世界中奇特的共生现象。

② 肯氏龙与其他大型植食性恐龙采食不同高度的植物，不会出现争抢食物的现象，它们的共生关系是很和谐的。

③ 一旦遇到猎食者的袭击，肯氏龙会背对猎食者挥动尾巴，将其他恐龙围在中间或掩护其撤退。

④ 即便猎食者突破了肯氏龙的第一道防线，体形巨大的植食性恐龙也并不是好对付的。

与剑龙的对比

肯氏龙是剑龙的近亲，但肯氏龙的体形要比剑龙小很多，而且肯氏龙的身体更灵活。肯氏龙与剑龙之间最大的区别在于，肯氏龙除了长有骨板外，整个尾巴上都长有尖刺，而剑龙只在尾端有尖刺。

行动方式

肯氏龙的四肢粗短，是一种行动缓慢的恐龙。近来研究显示，肯氏龙可能偶尔会用后足站立起来吃灌木的树枝和树叶，但肯氏龙的正常姿态是四足着地的。

美甲龙

亚洲甲龙

美甲龙，又名赛查龙、梅甲龙，是一种甲龙类恐龙。美甲龙生存于白垩纪晚期，其化石发现于蒙古南部，与其生活在同一时代、同一地区的恐龙还有绘龙。

你知道吗

库尔三美甲龙是美甲龙的一种，已发掘出的骨骼化石包含一个头颅骨、颈椎、背椎、肩带、前肢以及某些装甲。其他相关标本则包含一个破碎的头颅骨顶部与装甲，以及一个几乎完整、尚未被描述的骨骼与头颅骨。

铠甲勇士

美甲龙的头顶长有硬质骨板，整个背部也被成排的甲片保护着，其身体两侧还长有长尖刺，尾巴末端长有尾锤，可以左右晃动攻击进犯者。

体形笨重

美甲龙身长约 6.6 米，体形十分笨重。笨重的体形使其后足不足以支撑整个身体的重量，因此美甲龙只能以四足着地的方式行走。美甲龙的头骨具有复杂的鼻管，头部前端还长有骨质次生颚。

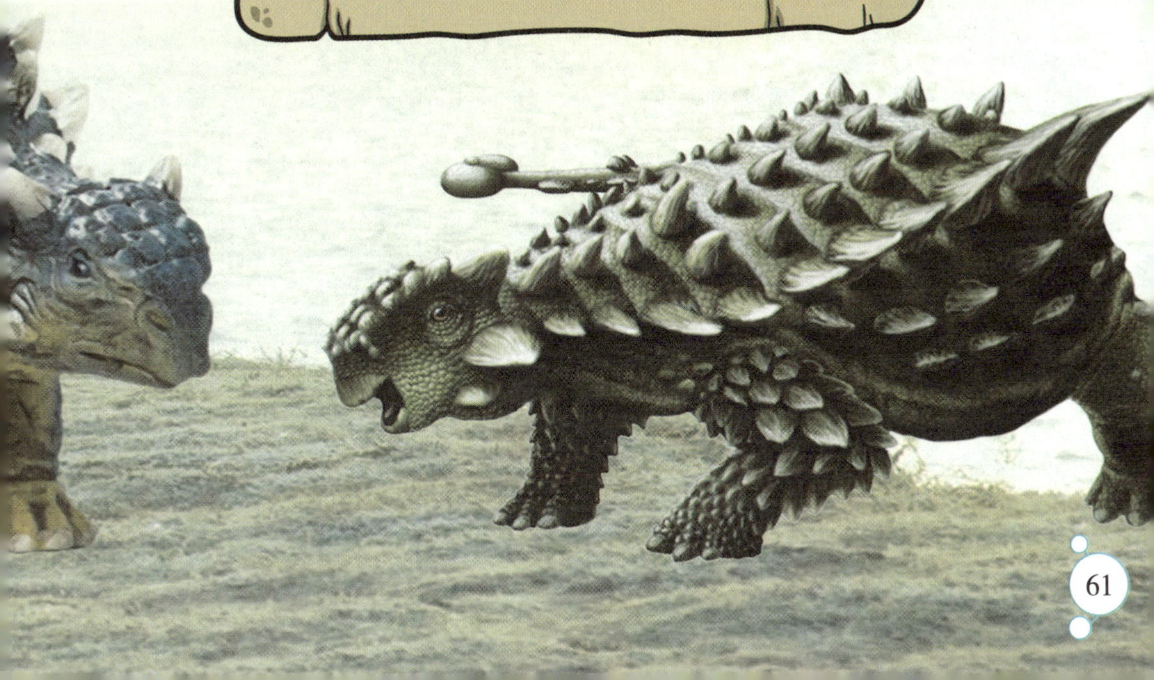

剑角龙

肿头龙类

剑角龙并不是角龙类恐龙，而是一种肿头龙类恐龙。剑角龙身长约 2.5 米，体重 53 千克。头上的骨质圆顶是剑角龙最主要的辨认特征。剑角龙的背部十分强壮，后腿上长满了肌肉。

头骨的作用

剑角龙的头骨最初被认为是雄性剑角龙之间互相撞击时使用的。后期的理论认为，剑角龙的头骨是用来抵御猎食者的。厚重的头骨也能够起到保护头部的作用。

剑角龙的头骨在外形上有什么特点?

小个子大脾气

剑角龙是一种以后足行走的植食性恐龙，主要采食树的嫩叶和芽。剑角龙的个子虽然不大，但是它们也是不好惹的，剑角龙的头盖骨就是它们防御敌人最有力的武器。如果受到剑角龙头骨猛烈的撞击，那么对方不是断根肋骨就是断条腿。

撞击方式

科学家推测，雄性剑角龙之间应该是以头部侧面相互撞击的。这样做不仅能够减少撞击的接触面，还能够减少冲撞的力道，从而保护内部器官。

揭晓答案

剑角龙的头骨呈半圆形，又厚又圆，由许多小型骨块组成，能够盖住眼睛和后脖颈。随着年龄的增长，剑角龙的头骨也会变得越来越厚。

沱江龙

醒目的背板

生活在中国的沱江龙与同时代生活在北美洲的剑龙有着极其密切的亲缘关系。沱江龙从脖子、背脊到尾部，生长着 15 对三角形的背板，比剑龙的背板还要尖利。在短而强健的尾巴末端，还有两对向上扬起的利刺，这些都是用来攻击所有企图靠近它们的肉食性敌人的。

你知道吗

沱江龙，意思是“产自沱江地区的爬行动物”。1974 年，重庆博物馆主持了一项发掘计划，在发现的将近 10 吨的恐龙化石中，古生物学家复原出了一具沱江龙的化石，这也是有史以来所发掘到的第一具完整的剑龙类恐龙的骨骼。

进食方式

经研究，沱江龙可能以低矮处粗糙的植被为食。但它们的牙齿不能充分地咀嚼那些粗糙的食物，因此沱江龙在采食植物的时候会吞下一些石块，这些石块能够捣碎胃中的食物。

多棘沱江龙

沱江龙目前只有一个种，即模式种多棘沱江龙。它是在 1977 年被命名的，正好是剑龙属被命名的 100 年后。该模式种目前只发现了两个标本，其中一个是超过一半的骨骼。

身体构造

沱江龙的头颅骨低矮而狭窄，背部高耸，四肢结实，臀刺与尾刺可能覆有角质，尺骨短而厚重。沱江龙的脊椎没有可供肌肉附着的长神经棘，因此可能无法用后肢站立。

揭晓答案

沱江龙的背板可以用于采集阳光，它们就像太阳能板那样，能够吸取热量。当背板中血液的温度升高时，热量就通过血管流遍全身，帮助沱江龙尽情享受日光浴。

科阿韦拉角龙

身体特点

科阿韦拉角龙的身长约 5 米，体形十分壮硕。科阿韦拉角龙的额头上有两只弯曲的角，颈部还有一个向上翘起的颈盾，颈盾主要是用来求偶或吓走猎食者的。

行走方式

科阿韦拉角龙四肢粗短，行走时身体位置很低，这样不仅方便它们采食低矮的蕨类植物，更有利于它们在抵御猎食者的过程中发挥额角的攻击能力。

为什么科阿韦拉角龙能以坚硬的植物为食呢？

牙齿特点

科阿韦拉角龙的牙齿排成很多列，当它们的牙齿磨损较为严重的时候，新的牙齿会不断生长出来，替代磨损的牙齿，以保证进食效率。

命名原因

考古学家在墨西哥科阿韦拉州发现了一只成年科阿韦拉角龙的部分身体骨骼化石和头颅骨化石，还有一只幼年科阿韦拉角龙的骨骼化石，这种恐龙就以发现地的名字被命名为科阿韦拉角龙。

揭晓答案

科阿韦拉角龙有一个巨大的喙状嘴，啃咬植物时十分有力。科阿韦拉角龙口中还有数百颗边缘为凿状的牙齿，能够磨碎坚硬植物的叶子。

绘 龙

独特的特征

绘龙生存于白垩纪晚期，是一种体形中等的甲龙类恐龙，身长约 5 米。绘龙最独特的特征就是鼻孔附近有 2~5 个洞，呈上下排列，不同的恐龙，洞的数量是不固定的。目前还没有理论能够说明这些洞有什么具体功能。

坚硬的盔甲

对于植食性恐龙来说，长着粗短的四肢可不是一件好事儿。对于猎食者来说，它们的腿可能就像火腿一样美味。于是，甲龙类恐龙决定改变自己。它们身上的骨质硬甲使它们变得既硬又难以消化，这会让猎食者感到难以下咽。因此，不到万不得已的时候，猎食者是不会轻易猎食它们的。

在面对猎食者攻击的时候，绘龙会如何防御呢？

群体生活

绘龙的化石发现于蒙古和中国，是在亚洲地区发现的最著名的甲龙类恐龙化石。目前已发现的绘龙化石超过 15 具，其中，有两只未成年绘龙一起死亡的化石，这说明绘龙可能是一种群体生活的恐龙。

揭晓答案

绘龙的身上长满了骨质硬甲，长长的尾巴末端长有骨锤，这些都是它们抵御猎食者的武器。此外，群体生活的绘龙还会利用团体的力量来战胜强大的猎食者。

祖尼角龙

最早有额角的角龙类

生存于一亿年前的祖尼角龙，名字意为“来自祖尼部落的有角面孔”，它们的特点也正体现于此。它们生活在白垩纪晚期的美国新墨西哥州，和其他角龙伙伴一样，是植食性恐龙。

趣味问题
我们如何判断祖尼角龙的年龄呢？

身体特征

祖尼角龙高度约 1 米，身长约 3~3.5 米，体重大约 100~150 千克。祖尼角龙的牙齿会随着年龄的增长从单排变成双排，这个演化过程在角龙类恐龙中十分特殊。

揭晓答案

祖尼角龙是目前所知最早有额角的角龙类恐龙，也是北美洲最古老的角龙类恐龙。它们的角状物会随年龄的增大而增大，这是判断祖尼角龙年龄的直接依据。

“白垩纪空隙”的生物

在中生代白垩纪，地球环境相对恶劣，剧烈的升温使海平面陡升。人类对这时期地球上的生物所知甚少，因而称这一时期为“白垩纪空隙”。然而祖尼角龙却是该时期的生存者，这对人类了解那个神秘的时代起到了很大的作用。

埃德蒙顿甲龙

身体结构特点

埃德蒙顿甲龙的体形十分巨大，身长约 7 米，体重可达 4 吨。埃德蒙顿甲龙的身体宽扁，脖子很短，但是有一条长尾巴。

强大的武器

埃德蒙顿甲龙的身上覆盖着厚厚的甲板，头部呈三角形，头部虽然没有甲板，但是头上有拼图一样的骨板，能够起到保护头部的作用。除了厚重的甲板外，埃德蒙顿甲龙的身体两侧各长有一排尖锐的骨质刺，可以起到抵御猎食者的作用。

趣味问题

埃德蒙顿甲龙并不是无懈可击的，它们有什么弱点呢？

挑食的恐龙

埃德蒙顿甲龙的嘴部相当狭窄，因此它们可能十分挑食，一些汁液较多的植物可能是它们喜爱的食物。当旱季到来时，埃德蒙顿甲龙爱吃的植物就会枯死，这时，它们可能也会去啃食树皮或者坚硬的灌木。

埃德蒙顿甲龙的肚子上没有甲板，十分柔软，这是其最大弱点。当埃德蒙顿甲龙受到攻击的时候，它们会趴在地上，以降低柔软的肚子被攻击的可能性。

同类争斗

除了抵御猎食者的攻击外，埃德蒙顿甲龙同类之间也会互相争斗，其肩膀上致命的棘刺就是同类之间互相争斗的主要武器。埃德蒙顿甲龙的斗争行为，主要是为了夺取领地或配偶。

厚鼻龙

外形特点

厚鼻龙最显著的特征就是鼻子上有巨大而且平坦的隆起物，而不是角状物，这也是其得名的原因。厚鼻龙的眼睛上方也有一对小型隆起物，这些隆起物可能是用来对抗敌人的。厚鼻龙头部后方有头盾，能够保护头部。

不断了解

第一具厚鼻龙化石于 1950 年在加拿大亚伯达省被发现，并于同年被命名。随后，研究人员又在同一地区发掘出了大量的厚鼻龙化石，但是直到 1980 年，古生物学家才开始研究这些化石。随着人们对厚鼻龙的不断了解，人们对厚鼻龙的兴趣也不断增加。

趣味问题

厚鼻龙是一种角龙类恐龙，那么厚鼻龙的角有什么特点呢？

揭晓答案

厚鼻龙的头盾后方有一对向上延长生长的角，角的形状与大小因为年龄、性别、个体的不同而不同。厚鼻龙的角既能吸引异性，也能够起到自卫作用。

生活习性

厚鼻龙的身体十分笨重，它们只能以四足行走。厚鼻龙是一种植食性恐龙，它们的喙状嘴能够帮助其啃咬植物。厚鼻龙还有数百颗边缘呈凿状的牙齿，以坚硬且富含纤维的植物为食。

照顾后代

古生物学家曾在同一处化石埋藏地点发掘出成年厚鼻龙和幼体厚鼻龙化石，这说明厚鼻龙可能有照顾后代的习性。

大众文化

随着人们对厚鼻龙的了解不断加深，厚鼻龙的形象也慢慢开始出现在大众文化中。在电影《恐龙》和《历险小恐龙》中，你会看到厚鼻龙的身影。厚鼻龙还被选为 2010 年北极地区冬季运动会的吉祥物。

冥河龙

奇怪的外表

冥河龙的相貌十分怪异，似羊非羊，似鹿非鹿。冥河龙的头骨十分厚重，头部有一个坚硬的半圆形顶骨，在其周围还布满了尖刺状的角。冥河龙的口鼻部也布满了坚硬的骨板。此外，冥河龙还有一条坚硬的长尾巴。

有效的预警机制

古生物学家在冥河龙的栖息地发现了霸王龙、艾伯塔龙等大型肉食性恐龙的化石。这表明，冥河龙的生存受到了威胁。群居生活的冥河龙必须建立有效的预警机制来抵御随时可能来犯的肉食性恐龙，而在冥河龙群体中，那些机警而又敏捷的冥河龙通常负责警戒任务。

趣味问题

在面对敌人的时候，冥河龙有两个必胜的绝招，你知道是什么吗？

武 器

古生物学家们分析，冥河龙的尖角很可能是群体中雄性间的争斗武器，圆顶可以抵御猛烈的冲击，角刺则用来相互碰撞，充当御敌的武器。

生活习性

至今发现的冥河龙化石只有头骨化石和一些零碎的身体化石，所以我们对这种恐龙所知甚少，但这并不影响我们了解这种恐龙的生活习性。冥河龙生活在陆地上，是一种群居的植食性恐龙。冥河龙细小的前肢不具备行走能力，因此它们很可能以后足行走。

揭晓答案

冥河龙的第一个绝招是用厚厚的脑壳猛烈地撞击敌人；另一个绝招就是用尖角刺进敌人的身体里，使对方血流不止。

野牛龙

进食方式

野牛龙巨大、弯曲的鼻角可用来大力地掘取植物，弯曲的喙状嘴也有利于啃咬植物。丰富的食物才能让身长 6 米的野牛龙填饱肚子。

霸气的外貌

野牛龙有一个向前弯曲的鼻角，看上去就像一个开瓶器。野牛龙最引人注目的地方就是颈盾，它们的颈盾是实心的，边缘呈波浪状。此外，野牛龙的颈盾顶端还有两只尖尖的、向上生长的长角，十分醒目。

花边颈盾

野牛龙带有花边的颈盾在一定程度上装饰了自己，它们用自己特有的颈盾和大角一起，对异性发起爱的进攻。

野牛龙的两个向上的尖角十分引人注目，尖角或许可用来搏斗，也可用来吸引异性的注意力，表达求偶的意向。

食性特点

野牛龙是植食性恐龙，喜欢生活在温暖以及半干燥的森林中。在野牛龙生存的年代，开花植物的范围十分有限，因此它们可能以蕨类植物、苏铁植物和松科植物为食。

集群生活

1985 年，科学家在美国同一地点发现了 15 只野牛龙的骨骼化石，这些骨骼化石是野牛龙遭遇洪水或者山体滑坡后被埋形成的，这显示野牛龙是一种集群生活的恐龙。

四肢的蹄状爪

蹄状的四爪可大大增强野牛龙快跑时的平稳性，防止它们摔倒。在躲避其他种类恐龙的攻击时，这无疑帮助它们成为恐龙中的“野跑跑”。

奥古斯丁龙

身体结构特点

奥古斯丁龙生活在白垩纪早期的南美洲，是一种蜥脚类恐龙。奥古斯丁龙具有蜥脚类恐龙庞大的身材，身长约15米。长脖子、长尾巴、小脑袋、巨大的身体是其最显著的特点。奥古斯丁龙的四肢十分粗壮，以四足行走。

与其他蜥脚类恐龙相比，奥古斯丁龙的装甲有什么独特之处呢？

知之甚少

与许多有装甲的蜥脚类恐龙一样，奥古斯丁龙的身上也有装甲，而且奥古斯丁龙身上的装甲十分独特。由于古生物学家发现的奥古斯丁龙的化石都是破碎的，因此人们除了知道这种恐龙身上有独特的装甲外，对这种恐龙了解得很少。

破碎的化石

目前发现的奥古斯丁龙化石很少，被发现的只有破碎的化石。在这些破碎的化石中包括背部、臀部及尾部的脊椎碎片，九块形状奇怪连于脊椎的骨板或尖刺，还包括后下脚的腓骨、胫骨及五块中骨。其中还有股骨，但都过于碎裂而难于搜集。

揭晓答案

奥古斯丁龙背部有一连串宽尖刺和宽骨板，这些宽尖刺和宽骨板呈垂直分布，这是它们防御肉食性恐龙最好的武器。

戟龙

生活方式

戟龙是一种群居性动物，会与鸭嘴龙、厚鼻龙、三角龙等植食性恐龙共同生活。戟龙有时候还会有大规模的迁徙活动。

外形特征

戟龙身长约 5.5 米，体重约 2.7 吨。相比巨大的头颅，戟龙有笨重的身体和短小的四肢，它们的尾巴也相当短。戟龙的颚部前端具有纵深、狭窄的喙状嘴，被认为较适合抓取、拉扯，而非咬合。

趣味
问题
戟龙是一种植食性恐龙，它们在
进食时有什么特点呢？

头盾功能

长久以来，戟龙头盾的功能一直是人们争论的主题。除了用来自卫，戟龙的头盾很可能是用来吸引异性的，也可能有调节体温的功能。

戟龙的头部位置较低，所以戟龙主要以低处的植物为食。但有时，戟龙也会用头盾和身体将高大的植物撞倒，然后取食原本长在高处的植物。

复杂的头部装饰

戟龙的头部长有巨大的头盾，头盾上长有 4~6 个长角，两颊各有一个较小的角，鼻部长有一根直立的尖角。这种复杂的头部装饰，使戟龙成为了拥有最独特面部装饰的恐龙之一，这也让它们很容易被辨认。

既温顺又凶猛

戟龙性情温顺，但面对凶猛的肉食性恐龙，即使是霸王龙，戟龙也会勇敢地与其对抗，甚至敢于反击。被戟龙的鼻角顶中会受到致命的伤害，很多时候戟龙不用参战，它们只需晃晃满头的尖角，就能吓退进攻者。

牙齿特点

戟龙的牙齿呈齿系排列，它们的牙齿十分锋利，能够咬断坚硬的植物。当旧的牙齿磨损严重时，新的牙齿会不断生长出来替换旧的牙齿，而且这种生长是终生的。

敏迷龙

全副武装

与很多甲龙一样，敏迷龙的身上也覆盖着骨质鳞甲。但与很多甲龙不同的是，敏迷龙的腹部也有甲片，就像一个身着盔甲的军人，可以说是真正的全副武装。除了甲片，敏迷龙的背部还有突起的骨板，尾巴两侧还有棘刺。

进一步了解

目前为止，古生物学家只发现过两具敏迷龙的骨架化石。1990 年发现的第二具骨架给化石研究工作带来了希望，使古生物学家对敏迷龙有了进一步了解。

敏迷龙身上的鳞甲有多种形态，你知道它们是怎样的吗?

揭晓答案

敏迷龙口鼻部覆盖着小型没有棱脊的鳞甲，颈部与肩膀覆盖着小型有棱脊的鳞甲，臀部和尾巴上覆盖着有棱脊的三角形鳞甲。

食物类型

从敏迷龙胃部的食物残渣发现，敏迷龙是一种植食性恐龙，以植物的叶子、种子以及一些小型果实为食。敏迷龙有尖锐的喙状嘴，能够割断植物或果实的梗，嘴里有叶状的小牙，牙齿的边缘呈锯齿状，能够咀嚼植物。

胆小鬼

敏迷龙身上的鳞甲和棘刺能够起到一定的抵御猎食者的作用，但是敏迷龙并不会冒这个险。在面对猎食者的时候，敏迷龙会采取消极的防御方式，像胆小鬼一样逃跑。

棱背龙

早期装甲恐龙

侏罗纪时期，巨大的肉食性恐龙无处不在，植食性恐龙必须小心地避开巨大的肉食性恐龙。大约也是在这个时期，身形较大的植食性恐龙开始进化出装甲，棱背龙就是最早的装甲恐龙之一。

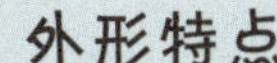

外形特点

棱背龙的大小与一头小牛相当，它们全长约 4 米，脑袋很小，身体浑圆，四肢粗短，看上去十分笨拙。但是棱背龙有一条长而灵活的尾巴，尾巴的长度甚至超过了整个身长的一半。

趣味问题

恐龙世界是一个弱肉强食的世界，棱背龙是如何在这种环境下生存的呢？

辨认要诀

棱背龙又叫踝龙，其最主要的辨认要诀就是脊背的皮肤上布满一排排骨质硬疖，从后脑盖一直延伸到尾尖。这些藏在角质内的硬疖，实际上是相当尖锐的。即便棱背龙没有反击肉食性恐龙的能力，但肉食性恐龙如果贸然攻击棱背龙，最后可能也会受伤。

揭晓答案

虽然棱背龙体形较小、行动笨拙，但它们可以利用装甲来保护自己，而且棱背龙身体位置较低，可以很好地保护腹部这一薄弱部位。

进食方式

古生物学家认为，棱背龙在进食时，上颌基本不动，而是采取下颌上下移动、让牙齿与牙齿间产生刺穿、压碎的动作来完成进食的。

楯甲龙

体形特点

楯甲龙又名蜥结龙、蜥肋螈，生活在白垩纪早期的北美洲。楯甲龙的头顶并非圆顶状，虽然很厚但十分平坦，头颅骨呈三角形，口鼻部后端较宽，向前方逐渐变尖，嘴部为喙状，上下颌中有叶状牙齿。

尾巴特点

楯甲龙有一条很长的尾巴，几乎占了整个身长的一半。而且楯甲龙的尾巴拥有骨化肌腱，所以十分硬挺。

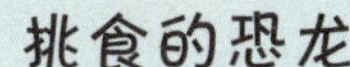

挑食的恐龙

楯甲龙主要以低矮处的植物为食，但古生物学家推测它们是很挑食的。针叶树与苏铁植物可能是楯甲龙最喜欢的食物。

你知道楯甲龙身上的尖刺是如何分布的吗？

性情温和

楯甲龙是性情温和的植食性恐龙，虽然它们性情温顺，但是想要攻击它们也是十分不易的。楯甲龙唯一的弱点就是它们柔软的腹部，但是遇到猎食者的时候，楯甲龙会蜷起自己的身体，将骨板朝外，此时的楯甲龙就像一个长满刺的球，多数猎食者都会因为无从下口而放弃猎食这种恐龙。

装甲特点

楯甲龙背部与尾巴上覆盖着小型骨质棱甲，而身体左右两侧各有一排大型圆锥状鳞甲。臀部上方的小棱甲与大型圆锥状鳞甲互相紧密交错，形成腰荐部装甲。

除了甲板，楯甲龙的身上还长有尖刺。楯甲龙的尖刺从颈部开始一直延伸到臀部，靠近肩膀的位置尖刺最长，往后逐渐缩短。

豪勇龙

长相奇特

豪勇龙又叫无畏龙，是一种长相奇特的恐龙。豪勇龙的脖子柔软，活动起来十分自如。豪勇龙最明显的特点就是从背部一直延伸到尾部的帆状突起物，内部由神经棘支撑，帆状物在前肢位置达到最高。

牙齿特点

豪勇龙没有门齿，但两颊处有很多颊齿。豪勇龙还有一排供替换用的牙齿，而其近亲禽龙则有多排牙齿可供替换。

趣味问题

豪勇龙背部的帆状物有什么作用呢？

生活习性

豪勇龙是一种植食性恐龙。与大多数恐龙相比，豪勇龙的前肢较长，长度大约是后肢的一半，因此它们的前肢也具备行走能力。豪勇龙的后肢长且有力，能够支撑其身体，因此它们既可以以后足行走，也可以四足着地行走。

秘密武器

豪勇龙虽然不聪明，反应也不算快，但是在抵御猎食者时，它们也有秘密武器。豪勇龙的前肢上有尖爪，平时能够钩起树叶，但在关键时刻，尖爪也能够帮助其抵御猎食者。

食性猜测

豪勇龙复杂的牙齿结构显示其可能以树叶、水果、种子等营养价值较高的植物为食。还有一种观点认为，豪勇龙的喙状嘴较宽，能够以大量低营养价值的植物为食。

揭晓答案

豪勇龙背部的帆状物能够起到调节体温的作用，也可以作为视觉展示物来吸引异性。豪勇龙背部的帆状物使其看起来十分庞大，因此还能够吓退猎食者。

附：鸟鳄的成长故事

鸟鳄在与引鳄争夺食物的时候受伤了。
龟龙告诉他要勇敢面对。
鸟鳄不断成长，成为三叠纪早期最厉害的肉食性动物。
鸟鳄被认为是肉食性恐龙的祖先。

图书在版编目（CIP）数据

绝地反击：依靠骨板自我保护的剑龙 / 崔钟雷编著
. -- 北京：知识出版社，2014.9
（恐龙大追踪）
ISBN 978-7-5015-8213-6

Ⅰ. ①绝… Ⅱ. ①崔… Ⅲ. ①恐龙 – 普及读物 Ⅳ.
①Q915.864-49

中国版本图书馆 CIP 数据核字(2014)第 214169 号

恐龙大追踪——绝地反击：依靠骨板自我保护的剑龙

出 版 人 姜钦云
责任编辑 李易飏
装帧设计 稻草人工作室
出版发行 知识出版社
地　　址 北京市西城区阜成门北大街 17 号
邮　　编 100037
电　　话 010-88390659

印　　刷 北京一鑫印务有限责任公司
开　　本 889mm × 1194mm　1/16
印　　张 8
字　　数 80 千字
版　　次 2014 年 9 月第 1 版
印　　次 2020 年 2 月第 3 次印刷
书　　号 ISBN 978-7-5015-8213-6
定　　价 28.00 元